세상에서 가장 맛있는
냠냠 이유식

세상에서 가장 맛있는 냠냠 이유식

초판 1쇄 발행 2019년 04월 20일

글·사진	한온유
발행인	조상현
마케팅	조정빈
편집인	김유진
디자인	나디하 스튜디오
펴낸곳	더디퍼런스

등록번호	제2018-000177호
주소	경기도 고양시 덕양구 큰골길 33-170
문의	02-712-7927
팩스	02-6974-1237
이메일	thedibooks@naver.com
홈페이지	www.thedifference.co.kr

ISBN   979-11-61251-88-2 13590

세상에서 가장 맛있는
냠냠 이유식

글·사진 한온유

더디퍼런스

 들어가는 말

우리는 누구나 이유식 초보이다

이유식은 우리 아이가 모유나 분유 다음으로 처음 먹는 음식
이다. 그래서 대부분의 초보 엄마들은 이유식을 어떻게 만들
어야 할지 몰라 겁부터 난다. 나 역시 시작이 막막했다. 그래
서 이유식 책을 사서 맹신이라 할 정도로 재료 무게 1그램의
오차도 없이 레시피를 따라 만들었다.

평소 요리를 좋아하고 즐겨 했기 때문에 요리 자체에 대한 부
담감은 없었다. 문제는 내가 먹을 요리가 아니라, 우리 아이가
먹을 이유식이라는 점이었다. 간단한 쌀미음 하나를 만드는
데도 무척이나 떨렸다. 아이가 먹는 음식이라고 생각하니 쌀
미음 하나에도 부담이 느껴졌다. 지금 생각해 보면 참 간단한
요리(?)였는데 말이다.

쌀미음을 시작으로 재료를 하나둘 추가하기 시작했다. 초기에
서 중기, 중기에서 후기로 단계가 올라갈수록 이유식을 대하
는 마음이 한결 편안해졌다. 어느 순간부터는 책이나 동영상

없이 내 힘만으로 맛있는 이유식을 만들 수 있었다.

요즘은 이유식 밥솥, 이유식 찜기 같은 편리한 기구들이 많이 나와 있다. 그래서 이유식에 대해 조금만 이해하면 큰 어려움 없이 누구나 만들 수 있다. 마음의 부담을 내려놓고 즐거운 마음으로 시작해 보자.

아이와 엄마가 이유식 시기를 함께 보내야 유아식도 아이에게 맞게 순차적으로 진행할 수 있다. 내 아이에 대해 가장 잘 아는 건 엄마이다. 엄마가 이유식을 만들면 우리 아이가 어떤 맛을 좋아하고 싫어하는지, 어떤 식감을 좋아하는지 어느 정도 알 수 있다. 아이의 체질도 알 수 있다. 또한 내 아이에게 맞는 이유식의 농도, 입자, 양뿐만 아니라, 재료별 알레르기 여부도 파악할 수 있다. 그뿐인가? 엄마가 만들어 먹이면 초기에서 중기, 후기, 유아식으로 넘어가는 과정도 수월하게 진행할 수 있다. 엄마가 직접 만든 이유식을 먹이면 이렇게나 좋은 점들이 많다.

엄마가 만든 음식을 아이가 오물오물 맛있게 먹을 때 그 행복은 말로 다 표현할 수 없을 만큼 크다. 나의 수고쯤은 아무것도 아니게 된다. 화려한 레시피는 아니지만 내 아이에게 정성을 다해 먹였던 첫 이유식의 레시피가 맘들에게 힘이 되고 도움이 되길 바란다.

이유식은 세상에 맛있는 음식이 많다는 것을 아이에게 알려주는 준비 단계이다. 이유식을 시작으로 재료 하나하나 본연의 맛을 마음껏 느끼게 해 주자.

1. 이유식이란?

아기가 생후 4~6개월이 되면 배 속에서 엄마에게 받은 영양분이 빠져 나간다. 이때 분유나 모유만으로는 부족하기 때문에 영양을 충분히 공급하기 위해 생후 4~6개월 사이에 이유식을 시작한다. 이유식은 크게 초기, 중기, 후기 등 세 단계로 진행하며, 이후 완료기와 유아식으로 넘어간다. 이유식은 형태(입자, 농도), 들어가는 재료, 먹는 횟수에 따라 초기, 중기, 후기로 나뉜다.

이유식 초기엔 미음, 중기엔 죽, 후기엔 진밥 형태이며, 그 단계는 아이의 소화 능력에 맞춰서 서서히 진행한다.

● 초기 이유식(만 4~6개월)

쌀로 첫 미음을 시작한다. 쌀은 알레르기 위험이 가장 적고 이유식에 필수로 들어가는 재료이다. 주르륵 흘러내리는 묽은 형태로 시작해서 수분을 점차 줄여 나간다.

쌀미음이 끝나면, 곧바로 소고기와 닭고기를 갈아 넣은 소고기미음과 닭고기미음을 진행한다. 이는 부족한 철분과 단백질을 보충해 준다. 소고기미음 또는 닭고기미음에 채소를 소량으로 한 가지씩 추가하는데, 3일 정도 진행하면서 재료에 대한 알레르기 여부를 살핀다.

하루 1회 엄마와 아이가 편한 시간을 정해 놓고 이유식을 먹이도록 한다. 초기 이유식은 배를 채우기보다는 소량으로 시작해 조금씩 이유식에 적응시키며 양을 늘려가는 것이 좋다.

● 중기 이유식(만 7~9개월)

이 시기부터는 아이가 혀나 입천장으로 부드러운 음식을 으깨어 먹을 수 있다. 밥알이 작게 보이는 죽 형태로 시작하는데, 농도는 너무 묽지 않게 똑똑 떨어지는 정도가 적당하다. 쌀과 육류가 기본으로 들어간다. 초기 이유식 때 알레르기 반응이 없었던 재료를 2가지 정도 추가해 본다. 큰 이상이 없다면 육류 대신 흰살 생선을 추가해도 좋다.

이유식에 들어가는 재료가 늘어나면 재료별로 좋거나 나쁜 궁합이 있으니 유의하여 만든다. 횟수는 하루 2회가 적당하다.

● 후기 이유식(10~12개월)

혀와 잇몸으로 오물오물 먹을 수 있는 시기이므로 진밥으로 시작한다. 후기 이유식을 진밥으로 정의했지만 작은 입자에 되직한 농도의 이유식 또는 큰 입자에 부드러운 농도의 이유식 등 엄마가 아이의 소화 능력과 취향 등을 고려하여 이유식을 진행한다.

후기 이유식은 초기나 중기 때 먹였던 여러 가지 재료를 조화롭게 넣고 만들어서 영양은 물론 맛도 좋아진다. 어른과 같이 아침, 점심, 저녁 하루 3회가 적당하다.

2. 이유식을 만드는 도구

1) 이유식용 찜기 냄비
찜기가 들어 있는 작은 사이즈의 냄비가 좋다. 단단한 채소를 찜기로 찐 뒤 이유식을 만들면 부드러워서 아이가 먹기에 좋다.

2) 도마
도마를 고를 때는 두 가지를 고려한다. 조리시 흠집이 적게 나고, 소음이 적게 들리는 것이 좋다. 이 두 가지 기준을 통과하는 것이 실리콘 도마이다. 육류, 생선, 채소를 써는 도마를 종류별로 준비하여 오염되지 않도록 한다.

3) 스파츌라
이유식은 조리시 계속 저어 줘야 냄비 바닥에 들러붙지 않는다. 스파츌라를 이용하여 이유식을 저어 준다.

4) 전자저울
이유식을 만들 때는 재료의 양이 중요하다. 무게를 잴 수 있는 작은 사이즈의 전자저울이 좋다.

5) 믹서 또는 도자기 절구
재료를 갈거나 빻을 때 믹서나 절구가 필요하다. 이유식 조리 방식에 따라 선택하여 구입한다.

3. 이유식 재료를 다듬는 방법

1) 단호박
단호박은 반으로 갈라 씨 부분을 파내고 겉껍질을 벗긴다. 단호박을 비닐에 넣고 전자레인지에 5분 정도 돌리면 자르기가 쉽다.

2) 파프리카
겉껍질을 벗기고 씨 부분을 제거한다.

3) 콩나물
머리와 꼬리 부분을 제거하고 몸통 부분만 사용한다.

4) 완두콩
물에 하루 불린 뒤 껍질을 벗기고 사용한다.

5) 브로콜리
사이사이에 이물질이 많기 때문에 꼼꼼하게 세척한 뒤 밑기둥을 제거하고 사용한다.

6) 아보카도

아보카도를 반으로 가른 뒤 비틀면, 한쪽 면이 씨와 분리된다. 나머지 아보카도의 씨를 분리한 뒤, 아보카도를 숟가락으로 떠내듯이 꺼내면 껍질과 쉽게 분리된다.

7) 양송이

기둥을 떼고 겉껍질을 벗긴다.

4. 엄마들이 가장 궁금해하는 질문

이유식·유아식 인스타그램을 운영하기 시작한 건 우리 아이가 생후 6개월에 들어설 때부터였다. 이유식을 시작하는 시기에 맞춰 시작했으니 아무래도 현장감도 있고, 공감해 주는 맘들도 많았다. 이유식을 공유하면서 많은 엄마들에게 받은 질문만 해도 수백 가지다. 그중에서 맘들이 가장 궁금해하는 단골 질문 BEST3을 뽑아 보았다.

Q1. 소고기나 닭고기는 어느 부위를 쓰나요?
지방이 적은 부위인 소고기 우둔살과, 닭고기 안심살을 쓴다. 소고기 우둔살은 물에 담가 핏물을 뺀 뒤 끓는 물에 삶고 다져서 사용한다. 닭고기 안심살은 분유물이나 모유에 담가 비린내를 없앤 뒤 힘줄을 제거하고 사용한다. 닭 가슴살도 좋지만 닭 안심살이 더 부드럽다.

Q2. 채소는 어떻게 보관하나요?
랩이나 지퍼팩을 이용하여 밀봉시킨 뒤 스테인리스 대용량 통에 냉장 보관한다. 양파, 감자, 당근, 고구마 등 실온에 보관해야 할 채소도 있으니 주의한다.

Q3. 채수를 끓일 때는 무엇을 넣나요?
중기 이유식 중간부터 이유식에 감칠맛을 주기 위해 채수를 만들어 물 대신 사용한다. 냄비에 물을 넉넉히 붓고 양파, 대파 흰 부분, 무, 표고버섯 등을 넣어 2시간 정도 끓여 우려낸다.

차례

이유식이란? 6

이유식을 만드는 도구 8

이유식 재료를 다듬는 방법 9

엄마들이 가장 궁금해하는 질문 11

1장 초기 이유식

01 쌀미음 18

02 오이 소고기미음 20

03 단호박 소고기미음 22

2장 중기 이유식

04 소고기양파 콜리플라워당근죽 26

05 소고기찹쌀 브로콜리당근죽 28

06 소고기바나나 애호박브로콜리죽 30

07 소고기표고 버섯배추죽 32

08 닭고기브로콜리 애호박죽 34

09 소고기당근 시금치애호박죽 36

10 소고기배추 시금치애호박죽 38

11 닭고기오이 양배추죽 40

3장 후기 이유식

12 소고기단호박 완두콩진밥 44

13 소고기단호박 파인애플진밥 46

14 소고기부추 감자진밥 48

15 닭고기브로콜리 새송이진밥 50

16 소고기아스파라거스 양파진밥 52

17 소고기만가닥버섯 애호박진밥 54

18 소고기브로콜리 계란진밥 56

19 소고기청경채 두부비트진밥 58

20 새우애호박 당근진밥 60

이유식 에세이 아가야, 너도 오이를 기억하니? 62

4장 이유식 간식

21 감자당근매시 68

22 고구마치즈볼 70

23 단호박요거트 72

24 감자당근 치즈볼 74

25 고구마완두콩매시 76

26 단호박브로콜리 치즈볼 78

27 고구마브로콜리 치즈볼 80

28 단호박감자볼 82

29 바나나푸딩 84

30 단호박 팬케이크 86

31 참외주스 88

32 감자브로콜리 매시볼 90

33 고구마사과 매시볼 92

34 고구마당근볼 94

35 블루베리바나나 팬케이크 96

36 단호박두부 치즈과자 98

37 사과당근빵 100

38 단호박 당근머핀 102

39 오트밀퀴노아 채소머핀 104

40 오트밀바나나 블루베리머핀 106

이유식 에세이 태어나 네가 처음 먹은 것 108

5장 완료기 이유식

41 단호박양파 소고기리조또 114

42 시금치 소고기리조또 116

43 단호박비트 닭안심리조또 118

44 시금치 고구마리조또 120

45 단호박양파 소고기파스타 122

46 브로콜리 닭고기리조또 124

47 아보카도밤 흑미리조또 126

🍳 이유식 에세이 드디어 첫 미음 먹는 날 128

6장 아이주도 이유식

48 단호박계란찜 134

49 애호박닭안심 들깨밥볼 136

50 단호박포리지 138

51 동태새우살 채소어묵 140

52 토마토채소 스크램블 142

53 게살 채소볶음 144

54 가지전 146

55 매시트포테이토 148

56 소고기 채소밥전 150

57 소고기 애호박찜 152

58 전복 채소볶음 154

59 아보카도닭안심 치즈김밥 156

60 콩나물밥 소고기김볶음 158

🍳 이유식 에세이 네가 좋아하는 음식 160

1장
초기 이유식

쌀미음
오이 소고기미음
단호박 소고기미음

쌀미음

쌀미음으로 우리 아기의 첫 식사를 시작한다. 모유와 분유만 먹던 아기에게
무리가 가지 않도록 곱고 묽게 만든다.

재료(1인분)

불린 쌀 15g, 물 150ml 이상

 순서

1 쌀을 반나절 불린다.

2 불린 쌀을 믹서에 곱게 갈아 준다.

3 냄비에 150ml 이상의 물을 붓고 간 쌀을 넣는다.

4 약불로 저어가며 끓인다.

5 채에 걸러서 고운 미음만 그릇에 담는다.

TIP

물의 양은 크게 중요하지 않다. 농도를 맞춰 가며 끓인다.
걸쭉하게 흐르는 정도의 농도가 적당하다.

오이 소고기미음

쌀미음 이후, 오이 소고기미음을 진행하면서 철분을 보충시키고 소고기미음에 채소를 추가하면서 알레르기 반응을 살피도록 한다. 오이에는 비타민 C가 풍부하다.

재료(1인분)

불린 쌀 15g, 오이 10g, 소고기 10g, 소고기 육수 또는 물 150ml 이상

순서

1 소고기는 물에 담가 핏물을 뺀 뒤 끓는 물에 삶아 준다. 이때 끓인
   물을 육수로 사용한다. 불순물은 걷어 낸다.

2 오이 껍질을 벗긴다.

3 불린 쌀, 오이, 소고기를 믹서에 갈아 준다.

4 냄비에 ③번 재료와 소고기 육수 또는 물 150ml 이상을 넣고 약
   불로 저어가며 끓인다.

TIP ───────────────────────────────────
오이의 씨는 제거하지 않아도 괜찮다.

단호박 소고기미음

식이섬유가 풍부한 단호박 소고기미음은 변비 있는 아가에게 도움을 줄 수 있다. 단호박 겉껍질과 안쪽 씨 부분을 깨끗하게 제거한 뒤 요리에 사용한다.

재료(1인분)

불린 쌀 15g, 단호박 10g, 소고기 10g, 소고기 육수 또는 물 150ml 이상

🍲 순서

1   소고기는 물에 담가 핏물을 뺀 뒤 끓는 물에 삶아 준다. 이때 끓인
    물을 육수로 사용한다. 불순물은 걷어 낸다.

2   단호박은 껍질을 제거한 뒤 속을 파낸다.

3   불린 쌀, 단호박, 소고기를 믹서에 갈아 준다.

4   냄비에 ③번 재료와 소고기 육수 또는 물 150ml 이상을 넣고 약
    불로 저어가며 끓인다.

TIP

미음 만들기에 적응이 됐다면 채에 거르는 과정은 생략한다.

2장
중기 이유식

소고기양파 콜리플라워당근죽

소고기찹쌀 브로콜리당근죽

소고기바나나 애호박브로콜리죽

소고기표고 버섯배추죽

닭고기브로콜리 애호박죽

소고기당근 시금치애호박죽

소고기배추 시금치애호박죽

닭고기오이 양배추죽

소고기양파 콜리플라워당근죽

중기 이유식을 시작한다. 재료의 입자가 커지면서 익히는 시간을 늘리기 위해 밥솥 이유식으로 진행한다. 재료에 따라 이유식의 농도가 달라지니 물의 양은 가감한다.

재료를 손질해 양에 맞게 얼려서
사용하기도 한다.

재료(1인분)

불린 쌀 20g, 양파 10g, 콜리플라워 10g, 당근 5g, 소고기 10g, 소고기
육수 또는 물 100ml

순서

1   소고기는 물에 담가 핏물을 뺀 뒤 끓는 물에 삶는다.

2   콜리플라워는 끓는 물에 데쳐 불순물을 제거한다.

3   양파, 데친 콜리플라워, 당근, 소고기를 칼로 곱게 다진다.

4   이유식 밥솥에 소고기 육수 또는 물 100ml를 넣고 이유식 모드
    로 돌려 준다.

TIP
콜리플라워는 사이사이에 이물질이 많다.
깨끗하게 세척한 뒤 이유식 재료로 사용한다.

소고기찹쌀 브로콜리당근죽

이유식에 과일이 처음으로 등장했다. 과일은 이유식에 참 좋은 재료가 된다.
또한 찹쌀은 새로운 식감을 느낄 수 있도록 해 준다.

⚖️ 재료(1인분)

불린 찹쌀 20g, 배 10g, 브로콜리 10g, 당근 5g, 소고기 10g, 소고기 육수 또는 물 100ml

🍽️ 순서

1   소고기는 물에 담가 핏물을 뺀 뒤 끓는 물에 삶는다.

2   브로콜리는 끓는 물에 데쳐 불순물을 제거한다.

3   배, 데친 브로콜리, 당근, 소고기를 칼로 곱게 다진다.

4   이유식 밥솥에 소고기 육수 또는 물 100ml를 넣고 이유식 모드로 돌린다.

TIP
브로콜리는 사이사이에 이물질이 많다.
깨끗하게 세척한 뒤 이유식 재료로 사용한다.

소고기바나나 애호박브로콜리죽

아기의 식욕을 돋워 줄 달달한 바나나 이유식이다. 단맛이 걱정된다면 시기를 늦춰 진행하는 것도 좋다.

🏋️ 재료(1인분)

불린 쌀 20g, 바나나 10g, 애호박 10g, 브로콜리 10g, 소고기 10g, 소고기 육수 또는 물 100ml

🍲 순서

1 소고기는 물에 담가 핏물을 뺀 뒤 끓는 물에 삶는다.

2 브로콜리는 끓는 물에 데쳐 불순물을 제거한다.

3 바나나, 애호박, 데친 브로콜리와 소고기를 칼로 곱게 다진다.

4 이유식 밥솥에 소고기 육수 또는 물 100ml를 넣고 이유식 모드로 돌린다.

TIP
바나나는 검은 반점이 생길 때까지 상온에서 익혔다가 사용한다.
애호박은 껍질과 씨 모두 사용한다.

소고기표고 버섯배추죽

무, 표고버섯, 배추는 채수로 쓰기에 아주 좋은 재료이다. 이상 반응이 없다면 소고기 육수와 채수를 섞어서 이유식을 만들어 보자. 감칠맛이 더해져 맛이 더욱 좋아진다.

🍳 재료(1인분)

불린 쌀 20g, 무 10g, 표고버섯 5g, 배추 10g, 소고기 10g, 소고기 육수 또는 물 100ml

🍲 순서

1   소고기는 물에 담가 핏물을 뺀 뒤 끓는 물에 삶는다.

2   표고버섯은 기둥을 떼고, 배추는 연한 이파리만 사용한다.

3   무, 표고버섯, 배추, 소고기를 칼로 곱게 다진다.

4   이유식 밥솥에 소고기 육수 또는 물 100ml를 넣고 이유식 모드로 돌린다.

TIP ─────────────
표고버섯은 향이 강한 버섯이다.
다른 종류의 버섯으로 대체해도 좋다.

닭고기브로콜리 애호박죽

고단백 저칼로리의 부드러운 이유식이다. 소고기=>닭고기=>흰살 생선 순서로 이유식의 주재료를 바꿔가며 진행한다. 닭고기는 지방 함량이 직고 부드러운 닭 안심살이 좋다.

🍳 재료(1인분)

불린 쌀 20g, 브로콜리 10g, 애호박 10g, 닭고기 10g, 닭고기 육수 또는 물 100ml

🍲 순서

1 닭고기는 힘줄을 제거한 뒤 끓는 물에 삶는다.

2 브로콜리는 끓는 물에 데쳐 불순물을 제거한다.

3 데친 브로콜리, 애호박, 닭고기를 칼로 곱게 다진다.

4 이유식 밥솥에 닭고기 육수 또는 물 100ml를 넣고 이유식 모드로 돌린다.

TIP

닭 가슴살보다 닭 안심살의 식감이 더 부드럽다.
안심살의 질긴 힘줄을 제거한 뒤 사용한다.

소고기당근 시금치애호박죽

당근, 시금치, 애호박은 소고기와 궁합이 좋은 재료이다. 당근과 애호박은 익히면 단맛이 나며 철분, 엽산 등 영양소가 풍부하기 때문에 건강과 맛을 모두 챙길 수 있다.

🔲 재료(1인분)

불린 쌀 20g, 당근 10g, 시금치 10g, 애호박 10g, 소고기 10g, 소고기 육수 또는 물 100ml

🍛 순서

1 소고기는 물에 담가 핏물을 뺀 뒤 끓는 물에 삶는다.

2 시금치는 끓는 물에 데친 뒤 연한 이파리만 사용한다.

3 당근, 데친 시금치, 애호박, 소고기를 칼로 곱게 다진다.

4 이유식 밥솥에 소고기 육수 또는 물 100ml를 넣고 이유식 모드로 돌린다.

TIP

당근, 시금치는 보관 기간이 길어질수록 질산염이 증가하고 비타민이 파괴된다. 구입한 즉시 싱싱한 상태로 바로 조리하는 것이 좋다.

소고기배추 시금치애호박죽

칼슘, 마그네슘, 식이섬유, 비타민, 철분 등 영양소가 풍부한 이유식이다. 큰
배추 한 통이 부담스럽다면 알배기배추를 사용해도 좋다.

🏋️ 재료(1인분)

불린 쌀 20g, 배추 10g, 시금치 10g, 애호박 10g, 소고기 10g, 소고기 육수 또는 물 100ml

🍲 순서

1   소고기는 물에 담가 핏물을 뺀 뒤 끓는 물에 삶는다.

2   시금치는 끓는 물에 데친 뒤 연한 이파리만 사용한다.

3   배추 이파리, 데친 시금치, 애호박, 소고기를 칼로 곱게 다진다.

4   이유식 밥솥에 소고기 육수 또는 물 100ml를 넣고 이유식 모드로 돌린다.

TIP ─────────────────────────────
배추처럼 수분이 많은 재료를 사용하는 경우 육수나 물의 양을 조절한다.

닭고기오이 양배추죽

닭고기의 고소함과 양배추와 오이의 향긋한 맛이 잘 어울리는 이유식이다.
양배추와 오이는 식감과 맛이 잘 어울리는 궁합이 좋은 재료들이다.

🔩 재료(1인분)

불린 쌀 20g, 오이 10g, 양배추 10g, 닭고기 10g, 닭고기 육수 또는 물 100ml

🍲 순서

1 닭고기는 힘줄을 제거한 뒤 끓는 물에 삶는다.

2 양배추는 데친 뒤 이파리 부분만 사용하고, 오이는 껍질을 벗겨 준다.

3 데친 양배추, 껍질 벗긴 오이와 닭고기를 칼로 곱게 다진다.

4 이유식 밥솥에 닭고기 육수 또는 물 100ml를 넣고 이유식 모드 로 돌린다.

TIP ──────────────────────────────
양배추는 이파리 사이사이 농약이 묻어 있다. 낱장으로 떼어 각각 세척 해 주는 것이 좋다.

3장
후기 이유식

소고기단호박 완두콩진밥

소고기단호박 파인애플진밥

소고기부추 감자진밥

닭고기브로콜리 새송이진밥

소고기아스파라거스 양파진밥

소고기만가닥버섯 애호박진밥

소고기브로콜리 계란진밥

소고기청경채 두부비트진밥

새우애호박 당근진밥

소고기단호박 완두콩진밥

단호박과 완두콩의 달고 고소한 맛이 일품인 이유식이다. 완두콩의 제철은
4~6월이다. 이유식에 싱싱하고 맛좋은 제철 재료를 사용해 보자. 완두콩은
하루 전날 물에 불려서 사용하도록 한다.

⚖️ 재료(1인분)

진밥 50g, 완두콩 10g, 단호박 10g, 소고기 15g, 소고기 육수 또는 물 200ml

🍲 순서

1   소고기는 물에 담가 핏물을 뺀 뒤 끓는 물에 삶는다.

2   단호박은 껍질을 제거한 뒤 속을 파낸다.

3   완두콩은 껍질을 제거한 뒤 삶는다.

4   단호박과 소고기를 칼로 다지고, 완두콩은 칼등으로 으깬다.

5   이유식 밥솥에 진밥, 재료, 소고기 육수 또는 물 200ml를 넣고 이유식 모드로 돌린다.

TIP
완두콩은 제철에 구입하여 냉동 보관해 놓는 것이 좋다.

소고기단호박 파인애플진밥

단호박의 달달함, 파인애플의 새콤함, 양송이와 브로콜리의 고소함이 조화로운 이유식이다. 입맛이 없는 아이도 좋아할 맛있는 이유식이다.

🍳 재료(1인분)

진밥 40g, 단호박 10g, 파인애플 5g, 양송이 5g, 브로콜리 10g, 소고기 15g, 소고기 육수 또는 물 200ml

🍲 순서

1 소고기는 물에 담가 핏물을 뺀 뒤 끓는 물에 삶는다.

2 단호박은 껍질을 제거한 뒤 속을 파낸다.

3 파인애플은 껍질과 가운데 심을 제거한다.

4 양송이는 기둥을 떼고 껍질을 벗긴다.

5 브로콜리는 끓는 물에 데쳐 불순물을 제거한다.

6 ②, ③, ④, ⑤번 재료와 소고기를 다진다.

7 이유식 밥솥에 진밥, 재료, 소고기 육수 또는 물 200ml를 넣고 이유식 모드로 돌린다.

TIP ─────────────────────────
재료가 많은 이유식은 밥의 양을 조절한다.

소고기부추 감자진밥

부추는 향이 강한 재료지만, 콜리플라워와 감자를 같이 넣고 요리하면 맛이
순화된다. 부추의 향이 은은하고 고소한 이유식이다.

🍳 재료(1인분)

진밥 50g, 부추 5g, 콜리플라워 10g, 감자 10g, 소고기 15g, 소고기 육수 또는 물 200ml

🍽 순서

1   소고기는 물에 담가 핏물을 뺀 뒤 끓는 물에 삶는다.

2   부추는 흐르는 물에 한 가닥씩 세척한다.

3   부추, 콜리플라워, 감자, 소고기를 다진다.

4   이유식 밥솥에 진밥, 재료, 소고기 육수 또는 물 200ml를 넣고 이유식 모드로 돌린다.

TIP
1) 솔부추가 일반 부추에 비해 매운맛이 덜하다.
2) 부추는 익히면 아주 질겨진다. 아기에게 무리가 가지 않도록 얇은 솔부추를 잘게 다져 사용한다.

닭고기브로콜리 새송이진밥

적채의 보라색 천연 색소는 아기의 호기심을 자극하고 즐거움을 주는 요소가
된다. 색감으로 먹는 즐거움을 주는 이유식이다.

🍳 재료(1인분)

진밥 50g, 적채 10g, 브로콜리 10g, 새송이버섯 10g, 닭고기 육수 또
는 물 200ml

🍲 순서

1 닭고기는 힘줄을 제거한 뒤 끓는 물에 삶는다.

2 적채는 데친 뒤 이파리 부분만 사용한다.

3 브로콜리는 끓는 물에 데쳐 불순물을 제거한다.

4 데친 적채, 데친 브로콜리, 새송이버섯, 닭고기를 다진다.

5 이유식 밥솥에 진밥, 재료, 닭고기 육수 또는 물 200ml를 넣고 이
   유식 모드로 돌린다.

TIP —————————————————————————————
적채는 낱장으로 떼어 세척한다.

소고기아스파라거스 양파진밥

아스파라거스는 씁쓸한 맛을 내지만 푹 익히면 맛이 담백해지는 좋은 재료이다. 애호박, 당근, 양파로 달콤한 맛을 내 본다.

🪨 재료(1인분)

진밥 50g, 부추 5g, 콜리플라워 10g, 감자 10g, 소고기 15g, 소고기 육수 또는 물 200ml

🍽️ 순서

1 소고기는 물에 담가 핏물을 뺀 뒤 끓는 물에 삶는다.

2 아스파라거스의 겉면을 필러로 깎아 준다.

3 아스파라거스, 애호박, 당근, 양파와 소고기를 다진다.

4 이유식 밥솥에 진밥, 재료, 소고기 육수 또는 물 200ml를 넣고 이유식 모드로 돌린다.

TIP
아스파라거스는 냉장 보관 기간이 길어질수록 씁쓸한 맛이 강해지니 유의하자.

소고기만가닥버섯 애호박진밥

소고기와 버섯은 궁합이 좋은 식재료이다. 만가닥버섯은 쫄깃한 맛이 일품이다. 죽, 찌개, 전 등 모든 음식에 잘 어울린다.

🔧 재료(1인분)

진밥 50g, 만가닥버섯 10g, 당근 10g, 애호박 10g, 소고기 15g, 소고기 육수 또는 물 200ml

🍲 순서

1   소고기는 물에 담가 핏물을 뺀 뒤 끓는 물에 삶는다.

2   만가닥버섯, 당근, 애호박, 소고기를 다진다.

3   이유식 밥솥에 진밥, 재료, 소고기 육수 또는 물 200ml를 넣고 이유식 모드로 돌린다.

TIP ────────────────────────────

만가닥버섯은 갈색과 흰색 두 종류이다.
갈색이 흰색보다 맛이 약간 더 쓰다.

소고기브로콜리 계란진밥

삶은 계란이 들어가는 이유식이다. 계란 흰자에 알레르기가 있는 아기는 노른자만 넣어서 만들도록 한다. 계란 자체에 알레르기가 있다면 계란을 생략해도 좋다.

🍳 재료(1인분)

진밥 50g, 계란 10g, 브로콜리 10g, 애호박 10g, 소고기 15g, 소고기
육수 또는 물 180ml

🍲 순서

1 소고기는 물에 담가 핏물을 뺀 뒤 끓는 물에 삶는다.

2 계란을 완숙으로 삶는다.

3 브로콜리는 끓는 물에 데쳐 불순물을 제거한다.

4 계란, 브로콜리, 애호박, 소고기를 다진다.

5 이유식 밥솥에 진밥, 재료, 소고기 육수 또는 물 180ml를 넣고 이
   유식 모드로 돌린다.

TIP ────────────────────────────────
계란 흰자와 노른자의 비율은 적절하게 조절한다.

소고기청경채 두부비트진밥

비트는 철분이 풍부한 식재료이다. 특히 비트로 만든 이유식은 색감이 예뻐서 아이들에게 관심을 끌기도 좋다. 단단한 특성이 있어 믹서에 갈아서 사용한다.

🍳 재료(1인분)

진밥 50g, 청경채 10g, 두부 10g, 비트 10g, 소고기 15g, 소고기 육수 또는 물 180ml

🍽 순서

1   소고기는 물에 담가 핏물을 뺀 뒤 끓는 물에 삶는다.

2   청경채는 끓는 물에 삶은 뒤 이파리만 사용한다.

3   비트는 믹서에 갈아 준다.

4   데친 청경채, 비트, 두부, 소고기를 다진다.

5   이유식 밥솥에 진밥, 재료, 소고기 육수 또는 물 180ml를 넣고 이유식 모드로 돌린다.

TIP ──────────────────────────────────
두부에 물기가 많으니 물의 양을 잘 조절한다.

새우애호박 당근진밥

흰살 생선에 이상 반응이 없다면 새우살, 게살을 주재료로 넣어 보자. 바다의
감칠맛이 이유식의 맛을 더욱 좋게 만든다.

재료(1인분)

진밥 50g, 애호박 10g, 당근 10g, 새우살 15g, 물 200ml

순서

1 새우살은 쌀뜨물에 담가 비린맛과 짠맛을 빼고, 내장은 제거한다.

2 애호박, 당근, 새우살을 다진다.

3 이유식 밥솥에 진밥, 재료, 물 200ml를 넣고 이유식 모드로 돌린다.

TIP

새우살 대신 게살로 대체해도 좋다.

이유식 에세이

아가야, 너도 오이를 기억하니?

결혼 5개월 만에 생긴 금쪽이(태명). 아기의 존재를 알게
된 순간부터 우리 부부의 신경은 온통 금쪽이에게 쏠려 있
었다. 존재 자체만으로 벅차고 그저 신기하기만 했던, 지금
은 세상에서 가장 사랑스러운 우리 금쪽이!

그런 금쪽이는 엄마를 완전한 엄살쟁이로 만들어 버렸다.
임신 테스트기로 아기의 존재를 확인한 순간부터였다. 천
천히 걷기, 무거운 물건 들지 않기, 오래 서 있지 않기, 뛰지
않기 등등 콩알보다 작은 아기를 지키기 위해 온갖 유난을

다 떨었다. 그 유난은 좋은 것만 보고 좋은 것만 먹고 좋은 생각만 하면서 280일 동안 온 마음을 다해서 품고 싶은 마음에서 비롯된 것이었다.

나는 기꺼이 그 유난을 받아들이기로 했다. 사실 나는 조금 예민한 체질이다. 그래서 입덧이 그렇게 빨리 찾아온 것 같다. 임신 극초기인 임신 5주차부터 시작되었으니 말이다. 닫혀 있는 냉장고 앞도 못 지날 정도로, 급기야 신발장 냄새도 참기 힘들 만큼 나의 후각은 극도로 예민해져 있었다. '음식'이라는 말만 들어도 거부감이 들었다. 임산부들 사이에서 '입덧 지옥'이라는 말이 있는데, 어쩌면 그렇게 말을 잘 만들어 놓았는지. 내 마음을 딱 대변해 주는 말이었다. 덕분에 임신 첫 달 몸무게가 7kg이나 빠졌을 정도였다. 그러나 배 속에 있는 금쪽이를 생각하면 음식을 마냥 거부할 수만은 없었다. 음식을 떠올리기만 해도 울렁거렸지만 금쪽이를 생각해서 먹을 수 있을 만한 것을 열심히 생각했다. 나는 매일매일 먹을 수 있는 것을 생각했고, 어느새 그건 나의 일상이 되어 버렸다.

그렇게 힘든 상황에서 나는 드디어 한 가지를 찾아냈다. 바로 고추장에 푹 찍은 생오이! 고추장과 생오이는 아삭한 식감과 매운맛을 좋아하는 내가 입덧을 이겨 낼 수 있는 최고의 음식이었다. 냉장고에 넣어 둔 차가운 오이의 겉껍질을 굵은 소금으로 박박 문질러 썻은 뒤, 오이 한 개를 통째로 손에 들고 고추장을 푹 찍어서 한 입 깨물었을 때 그 아삭함과 청량감…. 씹을수록 퍼지는 입안 가득한 수분이 입 속을 개운하게 해 줬다. 결국 나는 하루에 오이를 2개씩 먹으며 임신 8개월까지 버텼다. 정말 고마운 오이!

그렇게 시간이 흘러 금쪽이가 태어났다. 이유식을 시작한 지 얼마 되지 않은 날이었다. 그날의 메뉴는 오이 소고기미음이었다. 그런데 금쪽이가 첫 번째 숟가락을 먹자마자 뭔가 안다는 듯이 방긋 웃었다. 오이 냄새와 먹는 소리를 기억이라도 한 것인지, 그 순간 나는 너무 신기한 눈으로 금쪽이를 바라보았다. 그리고 아이가 꼭 그렇게 말하는 것만 같았다.
"엄마, 나 그 오이 알아요."
그 뒤로 오이만 보면 금쪽이를 가졌을 때, 그리고 오이 소고기미음이 늘 같이 떠오르곤 한다. 참 고마운 오이다.

오이 냄새와 먹는 소리를 기억이라도 한 것인지,

그 순간 나는 너무 신기한 눈으로 금쪽이를 바라보았다.

그리고 아이가 꼭 그렇게 말하는 것만 같았다.

"엄마, 나 그 오이 알아요."

4장
이유식 간식

감자당근매시

고구마치즈볼

단호박요거트

감자당근 치즈볼

고구마완두콩매시

단호박브로콜리 치즈볼

고구마브로콜리 치즈볼

단호박감자볼

바나나푸딩

단호박 팬케이크

참외주스

감자브로콜리 매시볼

고구마사과 매시볼

고구마당근볼

블루베리바나나 팬케이크

단호박두부 치즈과자

사과당근빵

단호박 당근머핀

오트밀퀴노아 채소머핀

오트밀바나나 블루베리머핀

감자당근매시

포슬포슬 부드러운 식감의 간식! 매시(mash)는 으깬 음식을 뜻한다. 부드러운 감자에 당근을 넣어 맛과 영양을 더해 보자. 다른 채소나 치즈가 들어가면 더욱 맛이 좋다

쌀튀밥

감자당근매시

사과칩

재료(1인분)

감자 30g, 당근 5g

 순서

1   감자와 당근을 찜기에 찐다.

2   찐 감자는 칼등으로 으깨고, 찐 당근은 잘게 다진다.

3   ②번의 재료를 섞어 준다.

TIP ───────────────────────────
물을 섞어서 더 부드럽게 먹이거나, 분유 가루를 섞어서 살짝 단맛을 더
해도 좋다.

고구마치즈볼

작고 동그란 형태로 아이 스스로 먹을 수 있도록 연습을 시켜 보자. 부드럽고
달달한 맛에 아이가 집어먹기 좋은 형태라 간식 시간이 즐거워진다.

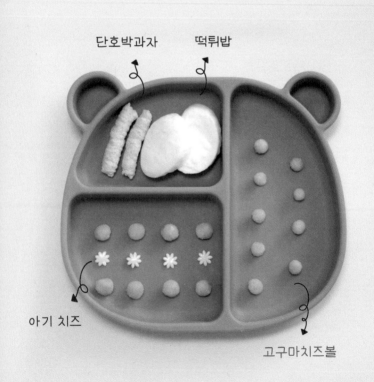

단호박과자

떡튀밥

아기 치즈

고구마치즈볼

🍳 재료(1인분)

고구마 30g, 아기 치즈 1/4장

🍽 순서

1 고구마를 찜기에 찐다.

2 찐 고구마와 아기 치즈를 골고루 섞어 준다.

3 ②번 재료를 1~1.5cm의 크기로 동글게 빚어 준다.

TIP ——————————————————————————————

치즈 양이 많아지면 식감이 질퍽해지니 양을 잘 조절한다.

맛있는 이유식23

단호박요거트

변비에 좋은 단호박을 요거트에 넣어 주었다. 아기 플레인 요거트에 바나나,
사과, 체리, 파인애플 등 여러 가지 재료를 섞어 주면 더 맛있는 간식이 된다.

현미사과 당근과자

단호박요거트

아기 치즈

🍳 재료(1인분)

단호박 30g, 플레인 요거트 1큰술

🍽 순서

1 단호박은 속을 파내고 껍질을 벗긴다.

2 손질된 단호박을 찜기에 찐다.

3 찐 단호박을 칼등으로 으깬 뒤 요거트와 섞어 준다.

TIP
과일을 넣어도 잘 어울리고 맛이 좋다.

감자당근 치즈볼

감자당근매시에 치즈를 더해서 치즈볼을 만든다. 오븐에 겉면을 살짝 구워
주면 다른 식감을 맛볼 수 있다.

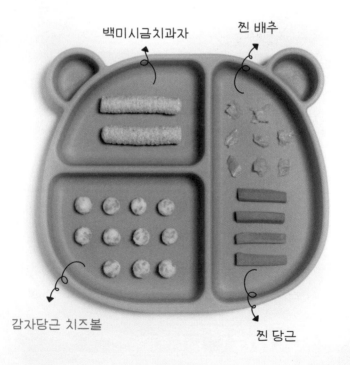

백미시금치과자

찐 배추

감자당근 치즈볼

찐 당근

🕐 재료(1인분)

감자 30g, 당근 5g, 아기 치즈 1/4장

🍲 순서

1 감자와 당근을 찜기에 찐다.

2 찐 감자는 칼등으로 으깨고, 찐 당근은 잘게 다진다.

3 ②번 재료와 아기 치즈를 섞어 준다.

4 ③번 재료를 1~1.5cm의 크기로 동글게 빚어 준다.

TIP ─────────────────

감자와 당근을 찜기에서 꺼낸 뒤, 재빨리 으깨서 치즈를 섞어서 녹인다.

고구마완두콩매시

달달 고소한 핑거 푸드! 매시를 동글게 빚어 볼 형태로 만들어 보았다. 완두콩
대신 강낭콩이나 검정콩을 넣어도 좋다.

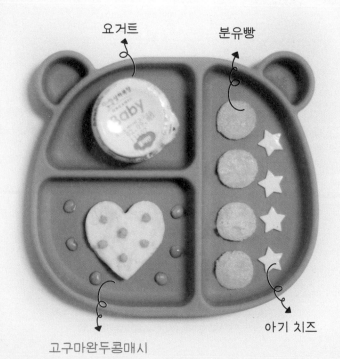

요거트

분유빵

고구마완두콩매시

아기 치즈

🍳 재료(1인분)

고구마 30g, 완두콩 10g

🍽 순서

1 고구마를 찜기에 찐다.

2 완두콩은 껍질을 벗긴 뒤 삶는다.

3 찐 고구마와 삶은 완두콩을 칼등으로 으깬 뒤 섞어 준다.

TIP ────────────────────────────────

으깬 완두콩의 식감은 퍽퍽한 편이다. 밤고구마보다 호박고구마가 더 부
드럽고 맛있다.

단호박브로콜리 치즈볼

작고 동그란 모양으로 아이 스스로 먹는 연습을 할 수 있다. 부드럽고 달달한
맛에 아이가 더 좋아하는 간식이다.

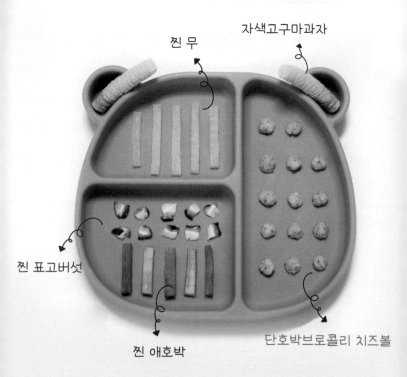

찐 무

자색고구마과자

찐 표고버섯

찐 애호박

단호박브로콜리 치즈볼

재료(1인분)

단호박 30g, 브로콜리 10g, 아기 치즈 1/4장

순서

1   단호박을 찜기에 찐다.

2   브로콜리는 끓는 물에 데친다.

3   찐 단호박은 칼등으로 으깨고, 브로콜리는 꽃 부분만 잘게 다진다.

4   ③번 재료에 아기 치즈를 골고루 섞어 준다.

5   ④번 재료를 1~1.5cm의 크기로 동글게 빚어 준다.

TIP

단단한 밤단호박이 좋다.

고구마브로콜리 치즈볼

궁합이 좋은 고구마와 브로콜리로 만든 맛있는 핑거 푸드이다. 고구마매시에
브로콜리와 치즈를 더해 볼 형태로 만든다.

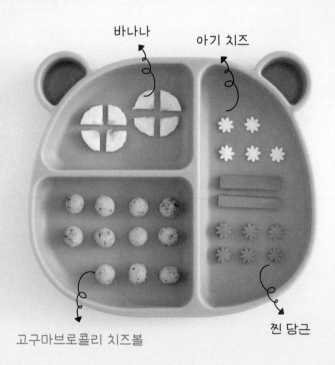

바나나

아기 치즈

고구마브로콜리 치즈볼

찐 당근

재료(1인분)

고구마 30g, 브로콜리 10g, 아기 치즈 1/4장

🍲 순서

1   고구마를 찜기에 찐다.

2   브로콜리는 끓는 물에 데친다.

3   찐 고구마는 칼등으로 으깨고, 데친 브로콜리는 꽃 부분만 잘게 다진다.

4   ③번 재료와 아기 치즈를 넣고 골고루 섞어 준다.

5   ④번 재료를 1~1.5cm의 크기로 동글게 빚어 준다.

TIP

브로콜리 외에 당근, 밤, 사과도 잘 어울린다.

단호박감자볼

찐 감자와 찐 단호박으로 만든 부드럽고 맛있는 핑거푸드이다. 밤단호박을
이용하면 만들기가 훨씬 쉽다.

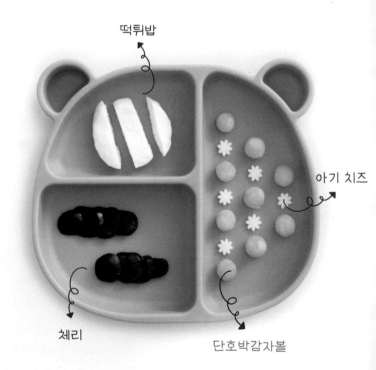

떡튀밥

아기 치즈

체리

단호박감자볼

⚖️ 재료(1인분)

감자 20g, 단호박 20g

🍽️ 순서

1 감자와 단호박을 찜기에 찐다.

2 찐 감자와 찐 단호박을 칼등으로 으깬 뒤 섞어 준다.

3 ②번 재료를 1~1.5cm의 크기로 동글게 빚어 준다.

TIP ───────────────────────────────────
분유 가루를 섞어서 살짝 단맛을 더하거나, 치즈를 넣어도 좋다.

바나나푸딩

바나나를 더 맛있고 영양가 있게 먹을 수 있는 간식이다. 단호박, 연두부, 고구마, 감자 등 부드러운 재료로 만들어도 좋다.

바나나푸딩

백미 시금치과자

찐 단호박

바나나

아기 치즈

⚖️ 재료(1인분)

바나나 1/2개(약 60g), 분유물 또는 모유 50ml, 계란노른자 1개

🍽️ 순서

1   바나나를 칼등으로 으깬다.

2   분유물과 계란노른자를 함께 섞어 준다.

3   찜기에 찌거나 중탕으로 15~20분간 익힌다.

TIP ───────────────────────────
재료를 믹서에 갈아 주면 더 부드러운 푸딩이 완성된다.

단호박 팬케이크

달콤한 특별 간식! 쌀가루를 넣어 더 건강하고 맛있는 팬케이크이다. 바나나를 넣어서 만들어도 좋다.

현미쌀튀밥

블루베리과자

수박

단호박 팬케이크

🍳 재료(1인분)

단호박 50g, 쌀가루 10g, 계란노른자 1개

🍽 순서

1   찐 단호박을 칼등으로 으깬다.

2   쌀가루와 계란노른자를 섞어 준다.

3   팬에 종이호일을 깔고 아기가 잡고 먹기 편한 약 5cm 크기로 동글게 부쳐 준다.

TIP
단호박에 따라 반죽 농도가 달라진다. 반죽이 되면 물이나 분유물(모유)을 넣어서 농도를 조절한다.

맛있는 이유식31

참외주스

엄마가 만들어 주는 100% 생과일 주스! 제철 과일을 갈아서 주스로 만들면 좋은 간식이 된다. 과일에 요거트를 추가로 넣고 갈면 맛있는 요거트 스무디가 된다.

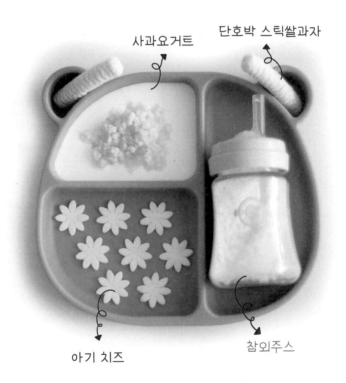

사과요거트

단호박 스틱쌀과자

아기 치즈

참외주스

🏋️ 재료(1인분)

참외 1/2개

🍲 순서

1   참외는 껍질을 깎고 씨를 제거한다.

2   믹서에 곱게 갈아 준다.

TIP

수박, 사과, 당근, 메론 등 다른 과일도 좋다.

감자브로콜리 매시볼

궁합이 좋은 감자와 브로콜리로 만든 맛있는 핑거 푸드이다. 채소를 맛있게
먹일 수 있는 좋은 간식이다.

체리요거트　　　아기 치즈

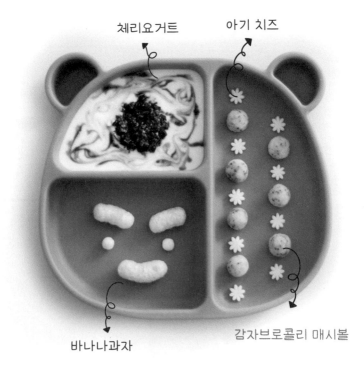

바나나과자　　　감자브로콜리 매시볼

재료(1인분)

감자 30g, 브로콜리 10g, 분유 가루 40g

순서

1   감자는 찜기에 찌고, 브로콜리는 끓는 물에 데친다.

2   찐 감자는 칼등으로 으깨고, 데친 브로콜리는 잘게 다진다.

3   ②번 재료와 분유 가루를 넣고 골고루 섞어 준다.

4   ③번 재료를 1~1.5cm의 크기로 동글게 빚어 준다.

TIP
분유 가루는 생략해도 좋다.

고구마사과 매시볼

고구마의 단맛과 사과의 새콤함이 아이의 입맛을 사로잡는 메뉴이다. 다소
퍽퍽한 느낌의 고구마에 수분감 많은 사과가 더해져 맛도 좋고 먹기에도 편
한 간식이다.

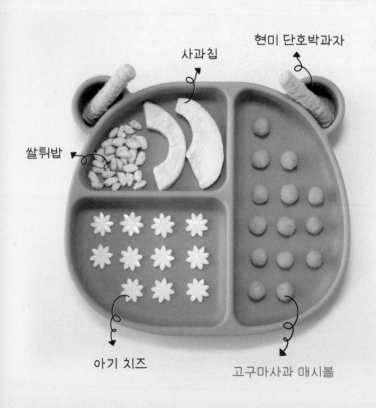

현미 단호박과자

사과칩

쌀튀밥

아기 치즈

고구마사과 매시볼

⚖️ 재료(1인분)

고구마 30g, 사과 10g

🍲 순서

1 고구마를 찜기에 찐다.

2 찐 고구마는 칼등으로 으깨고, 사과는 잘게 다진다.

3 ②번 재료를 골고루 섞어 준다.

4 ③번 재료들을 1~1.5cm의 크기로 동글게 빚어 준다.

TIP

사과 외에 감자나 밤도 잘 어울린다.

93

고구마당근볼

궁합이 좋은 고구마와 당근으로 만든 맛있는 핑거 푸드이다. 동그란 볼 형태의 간식을 손으로 집어먹으면 소근육 발달에 좋다. 또한 스스로 입에 가져가 먹을 수 있는 훈련에도 도움이 된다.

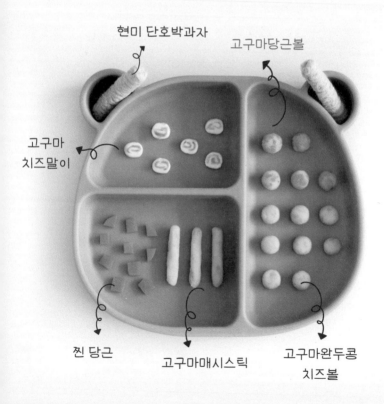

현미 단호박과자

고구마당근볼

고구마
치즈말이

찐 당근

고구마매시스틱

고구마완두콩
치즈볼

재료(1인분)

고구마 30g, 당근 10g, 아기 치즈 1/4장

 순서

1   고구마, 당근을 찜기에 찐다.

2   찐 고구마는 칼등으로 으깨고, 찐 당근은 잘게 다진다.

3   ②번 재료를 골고루 섞어서 볼 형태로 만든다.

TIP ————————————————————————
당근 외에 브로콜리, 밤, 사과도 잘 어울린다.

블루베리바나나 팬케이크

밀가루 없이 만드는 부드럽고 촉촉한 팬케이크이다. 블루베리 대신 제철
과일이나 고구마, 당근 등 맛의 조합이 좋은 재료를 넣어도 좋다. 아기 요
거트를 뿌려 주면 더 촉촉하고 맛있게 먹을 수 있다.

바나나

현미 쌀튀밥

블루베리바나나 팬케이크와
요거트

🍳 재료(1인분)

바나나 1개, 계란노른자 1개, 블루베리 10알

🍲 순서

1 바나나를 으깬다.

2 으깬 바나나에 계란노른자 1개, 블루베리 10알을 다져 넣고 섞는다.

3 팬에 동글게 부쳐 준다.

TIP
반죽이 너무 묽은 경우, 쌀가루 또는 분유 가루를 추가한다.

단호박두부 치즈과자

부드럽고 맛있는 과자를 만들어 주고 싶어서 생각해 낸 메뉴이다. 두부를 넣어 속이 부드럽고, 기름 없이 오븐에 구워 만들기 때문에 어린 개월 수의 아기들도 부담스럽지 않게 먹을 수 있는 아기 과자이다.

요거트

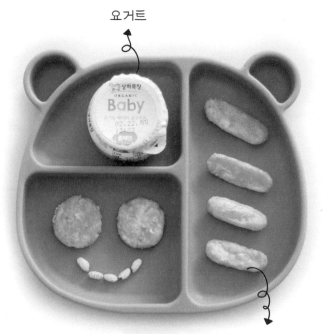

단호박두부 치즈과자

재료(1인분)

단호박 50g, 두부 10g, 아기 치즈 1/2장, 쌀가루 1/2큰술

순서

1 단호박을 찜기에 찐 뒤 으깬다.

2 두부를 끓는 물에 데친 뒤 물기를 없애고 으깬다.

3 ①, ②번 재료에 아기 치즈와 쌀가루를 넣고 스틱 모양으로 빚어 준다.

4 오븐 180도에서 20분 구워 준다.

TIP
단호박 대신 감자나 고구마를 넣어도 좋다.

사과당근빵

머핀 틀로 만드는 촉촉한 과일빵이다. 쌀가루와 계란만으로도 충분히 맛있는 빵의 느낌을 낼 수 있다. 궁합이 좋은 사과와 당근으로 촉촉한 과일 머핀을 만들어 보자.

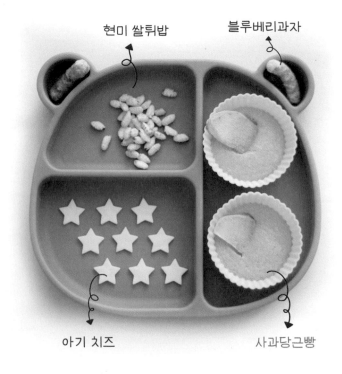

현미 쌀튀밥

블루베리과자

아기 치즈

사과당근빵

재료(1인분)

쌀가루 50g, 사과 50g, 당근 30g, 계란 1개

🍽 순서

1 사과, 당근을 믹서에 갈아 준다.

2 쌀가루에 계란, ①번 재료를 넣고 골고루 섞어 준다.

3 ②번 재료를 머핀 틀에 넣고 오븐 180도에서 15분 구워 준다.

TIP ─────────
취향에 따라 분유 가루를 넣어도 좋다.

단호박 당근머핀

이유식 간식은 화려한 레시피가 아니어도 충분히 맛있게 만들 수 있다. 특히 단호박은 단맛과 부드러운 식감 때문에 아기 간식 만드는 데 좋은 재료가 되고 활용도도 높다. 과자에 이어 단호박으로 머핀도 만들어 보자.

요거트

용과

단호박 당근머핀

🔩 재료(1인분)

단호박 50g, 당근 20g, 계란 1개, 분유물 또는 모유 30ml, 쌀가루 1/2 큰술

🍽 순서

1   단호박, 당근을 찜기에 찐다.

2   찐 단호박은 칼등으로 으깨고, 찐 당근은 잘게 다진다.

3   분유물에 쌀가루, 계란노른자, ②번 재료를 넣고 섞는다.

4   계란흰자를 거품 낸다.

5   ③번과 ④번을 잘 섞는다.

6   오픈 180도에서 15분 구워 준다.

TIP

촉촉한 식감의 머핀이다. 쌀가루의 양이 많아질수록 단단한 느낌의 빵이 완성된다.

오트밀퀴노아 채소머핀

나트륨이 거의 없는 고단백 식품인 퀴노아와 식이섬유가 풍부한 오트밀로 만드는 머핀이다. 영양을 골고루 갖춘 슈퍼 푸드에 채소를 추가하여 만든 맛있는 간식이다. 고소한 맛이 일품이다.

바나나

방울토마토

오트밀퀴노아 채소머핀

사과당근주스

재료(1인분)

퀴노아 20g, 오트밀 30g, 당근 10g, 브로콜리 10g, 계란노른자 1개, 분유물 또는 모유 30ml, 쌀가루 1/2큰술

 순서

1 퀴노아를 물에 삶는다.

2 당근은 찜기에 찐 뒤 잘게 다지고, 브로콜리는 끓는 물에 데친 뒤 잘게 다진다.

3 분유물에 계란노른자와 쌀가루를 넣고 잘 풀어 준다.

4 ③번에 퀴노아, 당근, 브로콜리를 넣고 섞은 뒤 머핀 틀에 부어 준다.

5 오븐 180도에서 15분 구워 준다.

TIP —————————————————————————————
익힌 채소로 머핀을 만들면 식감이 더 부드러워서 아이가 먹기 좋다.

오트밀바나나 블루베리머핀

달콤한 바나나와 블루베리에 오트밀을 넣어 더 고소하고 맛있는 영양 간식
이다. 바나나와 블루베리 대신 제철 과일을 넣어 줘도 좋다. 고소한 오트밀에
달고 새콤한 맛의 재료를 넣으면 맛이 좋다.

현미 쌀튀밥

요거트

오트밀바나나 블루베리머핀

🍳 재료(1인분)

오트밀 30g, 바나나 1개, 블루베리 10알, 계란노른자 1개, 분유물 또는 모유 30ml

🍽 순서

1　분유물에 계란노른자와 오트밀 가루를 넣고 잘 풀어 준다.

2　①번에 으깬 바나나와 다진 블루베리를 넣고 잘 섞어 준다.

3　머핀 틀에 반죽을 넣고 오븐 180도에서 15분 구워 준다.

TIP

오트밀은 가루 형태로 구입한다.

이유식 에세이

태어나 네가 처음 먹은 것

금쪽이의 예정일은 2017년 5월 18일이었다. 5월 17일부터 출산의 신호인 이슬이 비치고 가진통이 오기 시작했다. 나는 산부인과에 도착해서 출산하기 직전까지 내내 "아파. 아파." 하며 고통을 호소했다. 아이를 낳은 여성이라면 누구나 그렇겠지만, 나 또한 진통을 견뎌낸 그 순간과 아픔의 강도가 잘 잊히지 않는다.

하지만 누구나 그렇듯, 아이를 낳은 뒤 꼬물꼬물 움직이는 작은 선물을 보고 나면 그 고통을 잊기 마련이다. 나는 아이를 본 순간 이런 생각이 들었다.

'이렇게 예쁜 아이를 낳으려고 그만큼 아팠나 보다.'

나는 남편과 진통을 견뎌내며 출산을 했고, 5월 18일은 그 어떤 날보다 우리에게 소중한 시간이 되었다. 그 시간이 있었기에 성숙한 부모, 돈독한 부부가 되려고 지금도 노력하고 있는지도 모른다.

금쪽이는 내 배 속에서 나온 내가 낳은 아기가 맞나 싶을 정도로 믿기지 않게 작고 예뻤다. 조그마한 손가락에 작디작은 손톱까지도 신기하게 느껴졌다. 머리카락에, 속눈썹 한 올 한 올까지 모든 것이 감동스러워 벅찼다. 만지면 부러질세라 손가락 하나 쉽사리 잡지 못한 채, 금쪽이의 모습 하나하나를 눈에 담기 바빴다.

금쪽이의 온기, 금쪽이의 냄새, 나에게 안겨 있는 그 작은 존재에 나는 완전히 빠져 들고 말았다. 배 속에 품고 있을 때와는 또 다른 모성애가 생기기 시작했다. 잠시도 떨어지기 싫고, 함께 있고 싶고, 안고 싶고, 보고 싶어서 사실 2주간의 조리원 생활이 무척 힘들었다. 지금 생각해 보니 난 시작부터 별나게 유난스러웠던 엄마였다.

아이를 품에 안고 처음 젖을 물려 본 순간, 젖을 빠는 힘이
어찌나 센지 두 눈을 꾹 감을 정도로 몹시 아팠다. 그러나
본능적으로 그 작은 입 한가득 젖을 물고 온 힘을 다해 쭉
쭉 빠는 그 모습이 무척이나 감동스러웠고 기특했다. 배 속
에서도, 세상에 태어나서도 아이는 오직 나를 의지하고 있
었다. 내가 주는 영양분으로 쑥쑥 커가는 모습에 책임감
이 들었고, 그 모습에 다시 한 번 한 아이의 엄마가 되었음
을 실감했다.

하지만 누구나 그렇듯,

아이를 낳은 뒤 꼬물꼬물 움직이는 작은 선물을

보고 나면 그 고통을 잊기 마련이다.

나는 아이를 본 순간 이런 생각이 들었다.

'이렇게 예쁜 아이를 낳으려고 그만큼 아팠나 보다.'

5장
완료기 이유식

단호박양파 소고기리조또

시금치 소고기리조또

단호박비트 닭안심리조또

시금치 고구마리조또

단호박양파 소고기파스타

브로콜리 닭고기리조또

아보카도밤 흑미리조또

단호박양파 소고기리조또

완료기 이유식부터 추천하는 메뉴이다. 단호박과 양파의 달달한 맛으로 입
맛 없는 아이들에게 좋은 메뉴가 될 수 있다. 맛과 영양을 모두 갖춘 맛있는
한 그릇 이유식이다.

재료(1인분)

밥 50g, 단호박 10g, 양파 10g, 콜리플라워 10g, 소고기 30g, 아기 치즈 1/2장, 물 200ml

순서

1 소고기는 핏물을 뺀 뒤 끓는 물에 삶고 다진다.

2 단호박, 양파, 콜리플라워를 찜기에 찐다.

3 냄비에 물을 붓고 ①과 ②번 재료와 밥을 넣고 끓인다.

4 물이 자작해지면 불을 끄고 아기 치즈를 넣은 뒤 골고루 섞어 준다.

TIP ─────────────────────────────────
물 대신 우유를 넣어 주면 더욱 고소하고 맛있다.

시금치 소고기리조또

맛도 좋고 건강에도 좋은 녹색 리조또! 녹색 채소를 쓴 맛으로 인식하여 거부하는 아이들이 많다. 녹색 채소로 만든 음식을 자주 노출시켜 채소에 대한 아기들의 거부감과 편식을 최소화 한다.

🍲 재료(1인분)

밥 50g, 시금치 1/2단, 양파 10g, 배 10g, 요거트 1큰술, 소고기 30g, 아기 치즈 1/2장, 물 200ml

🍛 순서

1 소고기는 핏물을 뺀 뒤 끓는 물에 삶고 다진다.

2 시금치는 잎 부분만 끓는 물에 데친다.

3 믹서에 ②번 재료와 양파, 배, 요거트를 넣고 갈아 준다.

4 냄비에 물을 붓고 ①, ②, ③번 재료와 밥을 넣고 끓인다.

5 마지막에 아기 치즈 1/2장을 넣고 섞어 준다.

TIP
요거트는 생략해도 괜찮다. 시금치는 구입한 날 바로 요리하여 먹는 것이 좋다.

단호박비트 닭안심리조또

보기에도 좋고 맛도 좋은 리조또이다. 아기 식판에 치즈와 블루베리로 예쁜 눈을 만들고, 리조또를 입 모양으로 만들면 귀여운 캐릭터가 완성된다. 아이가 더 잘 먹는다.

재료(1인분)

밥 50g, 단호박 40g, 비트 30g, 닭고기 30g, 아기 치즈 1/2장, 물 200ml

 순서

1 닭고기를 끓는 물에 삶고 다진다.

2 비트 20g은 믹서에 갈아 주고, 10g은 칼로 잘게 다진다.

3 냄비에 물을 붓고 ①번과 ②번 재료와 밥을 넣고 끓인다.

4 물이 자작해지면 불을 끄고 아기 치즈를 넣은 뒤 골고루 섞어 준다.

TIP
닭고기는 안심살 부위가 부드럽다. 질긴 힘줄을 제거한 뒤에 사용한다.

시금치 고구마리조또

달달한 고구마와 양파가 입맛을 살려 주는 리조또! 리조또에 들어가는 고구마는 밤고구마, 호박고구마 구분 없이 모두 맛있다. 입맛 없는 아이들에게 맛과 영양을 모두 갖춘 맛있는 식사이다.

재료(1인분)

밥 50g, 시금치 1/2단, 고구마 50g, 양파 10g, 아기 치즈 1/2장, 물 200ml

 순서

1   고구마와 양파를 찜기에 찐다.

2   고구마는 칼등으로 으깨고 양파는 다진다.

3   시금치는 잎 부분만 끓는 물에 데친다.

4   냄비에 물을 붓고 ②번, ③번 재료와 밥을 넣어서 졸인다.

5   마지막에 아기 치즈 1/2장을 넣고 섞어 준다.

TIP ─────────────────────────────
시금치 대신 감자를 넣어도 맛이 좋다.

단호박양파 소고기파스타

달달한 고구마와 양파가 입맛을 살려 준다. 푸실리와 쌀국수 면을 반반 섞어서 만들면 다양한 질감을 느낄 수 있는 파스타가 된다.

⚖️ 재료(1인분)

푸실리, 쌀국수면 50g, 단호박 50g, 양파 10g, 아기 치즈 1/2장, 물 50ml

🍲 순서

1   소고기는 핏물을 뺀 뒤 끓는 물에 삶고 다진다.

2   푸실리와 쌀국수 면을 끓는 물에 삶는다.

3   단호박과 양파를 찜기에 찐 뒤 으깬다.

4   팬에 물을 붓고 ①, ②, ③번 재료를 넣고 골고루 섞어가며 끓인다.

5   마지막에 아기 치즈 1/2장을 넣고 섞어 준다.

TIP ─────────────────────────────
푸실리는 아이가 손으로 잡기 좋은 파스타이다. 펜네도 좋다.

브로콜리 닭고기리조또

리조또에 단맛이 나는 과일을 넣으면 감칠맛이 살아난다. 브로콜리와 닭고기
에 달달한 배와 새콤한 요거트를 넣어 만든 맛있는 리조또이다.

🍳 재료(1인분)

밥 50g, 브로콜리 40g, 양파 10g, 배 10g, 요거트 1큰술, 닭고기 30g,
아기 치즈 1/2장, 물 200ml

🍲 순서

1 닭고기는 끓는 물에 삶고 다진다.

2 브로콜리는 꽃 부분만 끓는 물에 데친다.

3 믹서에 ②번 재료와 양파, 배, 요거트를 넣고 갈아 준다.

4 냄비에 물을 붓고 ①, ②, ③번 재료와 밥을 넣고 끓인다.

5 마지막에 아기 치즈 1/2장을 넣고 섞어 준다.

TIP

요거트는 생략해도 괜찮다. 닭고기 대신 소고기를 넣어도 좋다.

아보카도밤 흑미리조또

잡곡 중 하나인 흑미가 들어가는 리조또이다. 아보카도를 비롯해 모두 재료들이 고소한 맛을 내는 영양만점 맛있는 이유식이다.

재료(1인분)

밥 50g, 아보카도 30g, 밤 10g, 브로콜리 10g, 닭고기 30g, 아기 치즈 1/2장, 물 200ml

순서

1   닭고기는 끓는 물에 삶고 다진다.

2   브로콜리는 꽃 부분만 끓는 물에 데친다.

3   아보카도와 밤을 칼로 잘게 다진다.

4   냄비에 물을 붓고 ①, ②, ③번 재료와 밥을 넣고 끓인다.

5   마지막에 아기 치즈 1/2장을 넣고 섞어 준다.

TIP
흑미쌀은 믹서로 곱게 갈아서 백미쌀과 1:4 비율로 밥을 짓는다. 흑미 대신 다른 잡곡을 넣어 주거나 생략해도 좋다.

이유식 에세이

드디어 첫 미음 먹는 날

아이가 성장하면서 처음 겪는 일에 대해서는 항상 큰 의미
가 부여되고 만감이 교차한다. 첫 이유식, 첫 뒤집기, 첫 걸
음마 등 엄마들은 아이의 처음을 기억하고 기록하기도 한
다. 2017년 10월 15일은 금쪽이가 처음으로 미음을 먹은 날
이다. 메뉴는 물론 쌀미음이었다. 젖병으로 분유만 먹었던
아이가 처음으로 숟가락으로 먹는다니, 그 사실만으로도
가슴 한쪽이 저릿하고 울컥했다.

나는 절구로 쌀알 하나하나를 곱게 빻아서 뽀얗게 끓여 금쪽이의 첫 쌀미음을 만들었다. 그리고 그 순간을 혼자 보기 아까워 남편의 휴일날에 맞춰서 만들었다. 숟가락으로 첫 미음을 먹는 순간을 기록하기 위해서는 엄마, 아빠 모두의 손이 필요했다.

미리 만들어 둔 쌀미음을 적당한 온도로 데운 뒤 곧장 설레는 마음으로 카메라를 준비했다. 남편이 금쪽이에게 첫 미음을 먹이기로 하고, 나는 촬영을 하기로 했다. 아이는 아빠가 주는 쌀미음을 작은 입과 혀로 맛을 보더니, 세상에나… 입꼬리를 씩 올리며 함박웃음을 짓는 게 아닌가! 정말 짧은 순간이었지만 아직도 생생하다. 그 순간 우리 집은 행복하고 사랑스러움으로 가득했고 금쪽이가 마냥 기특하고 대견했다.

일곱 숟가락 정도 먹었을까? 함박웃음을 지었던 금쪽이는 이내 울음을 터뜨렸다. 분유와 달리 배가 빨리 채워지지 않았기 때문이다. 나는 얼른 미음 대신 분유로 금쪽이의 허기를 달래 주었다. 이유식 초기 단계라 배를 채우기보다 조금씩 적응해 나가는 것이 더 중요하다고 생각했기 때문이다.

양은 중요하지 않았다. 몇 스푼 안 됐지만 제법 오물오물
맛있게 먹은 금쪽이가 그저 대단해 보였다. 나는 그날 이유
식 노트에 이렇게 썼다.

'엄마가 금쪽이를 사랑하는 만큼 이유식 열심히 만들어 줄
게.'

아이는 아빠가 주는 쌀미음을 작은 입과 혀로 맛을 보더니,

세상에나···

입꼬리를 씩 올리며 함박웃음을 짓는 게 아닌가!

정말 짧은 순간이었지만 아직도 생생하다.

6장
아이주도 이유식

단호박계란찜

애호박닭안심 들깨밥볼

단호박포리지

동태새우살 채소어묵

토마토채소 스크램블

게살 채소볶음

가지전

매시트포테이토

소고기 채소밥전

소고기 애호박찜

전복 채소볶음

아보카도닭안심 치즈김밥

콩나물밥 소고기김볶음

단호박계란찜

소소한 메뉴인 계란찜. 만드는 과정이 간단하니 맛있는 재료를 하나씩 넣어
보자. 어떤 새료를 추가로 넣느냐에 따라 맛과 영양이 달라진다.

찐 새송이버섯

브로콜리치즈찜

찐 양배추

청경채 닭안심밥볼

단호박계란찜

🍳 재료(1인분)

단호박 80g, 분유물 20g, 계란노른자 1개

🍲 순서

1 단호박을 찜기에 찐 뒤 으깬다.

2 분유물에 계란노른자를 풀고 으깬 단호박을 넣는다.

3 찜기에 15분 찐다.

TIP

단호박 대신 다른 재료를 넣어도 좋다. 고구마나 감자를 추천한다.

애호박닭안심 들깨밥볼

간식으로 만들었던 매시볼을 응용해서 만든 밥볼이다. 아이 입에 들어갈 만한 한입 크기로 작게 만들어 아이가 스스로 먹을 수 있도록 한다. 밥에 들어가는 재료에 따라 다양하게 만들 수 있다.

단호박샐러드와 요거트

삶은 계란

사과브로콜리 파프리카
버터구이

애호박닭안심
들깨밥볼

재료(1인분)

밥 30g, 애호박 15g, 닭 안심살 30g, 들깨가루 1작은술

 ## 순서

1 애호박은 가운데 씨 부분을 제거하고 찜기에 찐 뒤 다진다.

2 닭 안심살은 끓는 물에 삶은 뒤 다진다.

3 밥에 애호박, 닭 안심살, 들깨가루 1작은술을 넣고 동글게 빚어
   준다.

TIP —————————————————————————————
채소에 수분이 많으면 밥이 잘 뭉쳐지지 않는다.

단호박포리지

포리지는 오트밀 가루에 물이나 우유를 넣어 끓인 죽이다. 이 시기의 아기들에게는 분유물이나 모유를 넣어 만들어 준다. 간편해서 아침식사 메뉴로 좋다.

파인애플과 체리 요거트

찐 브로콜리

방울양배추

단호박포리지

🔲 재료(1인분)

단호박 30g, 오트밀 가루 30g, 분유물 또는 모유 200ml

🍲 순서

1   단호박은 찜기에 찐 뒤 칼등으로 으깬다.

2   냄비에 분유물을 붓고 으깬 단호박과 오트밀 가루를 넣어 준다.

3   냄비에 눌러 붙지 않게 약불에 저어가며 끓인다.

TIP

고구마를 넣어도 맛이 좋다.

동태새우살 채소어묵

첨가물 없는 엄마표 건강한 수제 어묵. 어묵은 냉동 보관이 가능해서 넉넉한
양을 만들어 소분해 두면 좋다. 저염 생선을 구입해서 만든다.

찐 고구마

동태새우살 채소어묵

매생이죽

재료(5인분)

동태살 50g, 새우살 50g, 애호박 10g, 당근 10g, 밀가루 1큰술, 전분 가루 1/2큰술

순서

1 애호박과 당근을 찜기에 찐 뒤 잘게 다진다.

2 동태살과 새우살을 잘게 다진다.

3 ①, ②번 재료에 밀가루와 전분 가루를 넣고 치댄다.

4 ③번을 넓적하게 빚은 뒤 찜기에 15분 찐다.

TIP ─────────────
흰살 생선은 종류에 상관없이 다 맛있다. 오징어를 추가해도 좋다.

토마토채소 스크램블

채소와 계란이 어우러진 맛있는 식사 메뉴이다. 채소를 살짝 익히면 아이가 먹기에 좋다. 책에 나와 있는 재료 외에도 집에 있는 채소를 활용해 보자.

찐 아스파라거스

파프리카

두부 치즈구이

블루베리

토마토채소
스크램블

재료(1인분)

방울토마토 3개, 브로콜리 15g, 애호박 15g, 계란노른자 1개, 버터 1/2
큰술

🍽 순서

1 방울토마토는 밑부분에 칼집을 내준 뒤 끓는 물에 데쳐 껍질을
  벗긴다.

2 브로콜리는 끓는 물에 데치고, 애호박은 찜기에 찐 뒤 먹기 좋은
  크기로 썰어 준다.

3 팬에 버터를 녹이고, ①, ②번 재료를 볶아 준다.

4 계란노른자를 넣고 스크램블을 만든다.

TIP ————————————————————————
버터는 무염 버터를 사용한다.

게살 채소볶음

짠 맛이 살짝 베인 게살이 자극적이지 않고 맛있다. 부드러운 무염 버터로 짠
맛을 순화시키고, 여러 채소를 함께 볶아 만든 맛있는 반찬이다.

콩나물밥볼

고구마닭안심
브로콜리샐러드

찐 아스파라거스

게살 채소볶음

🍳 재료(1인분)

게살 10g, 파프리카 10g, 애호박 10g, 당근 10g, 만가닥버섯 10g, 완두콩, 버터 1/2큰술

🍽 순서

1   파프리카, 애호박, 당근을 찜기에 살짝 찐다.

2   완두콩은 껍질을 제거한 뒤 삶는다.

3   팬에 버터를 넣고 녹인 뒤 ①, ②번 재료와 만가닥버섯을 넣고 볶는다.

4   마지막으로 게살을 넣고 볶아 준다.

TIP —————————————————————
새우, 관자살, 전복 등 다양한 해산물을 넣어도 좋다.

가지전

가지는 대부분이 수분으로 이루어진 채소이다. 조리된 가지는 식감이 부드럽
고 수분이 많기 때문에 아이들이 먹기에 좋은 재료이다. 짧은 시간에 조리가
가능하여 더욱 좋다.

찐비트와 비트밥볼

새우살
채소어묵

무사과조림

가지전

재료(1인분)

가지 20g, 계란노른자 1개

 순서

1   가지를 0.5cm의 두께로 썰어 준다.

2   계란노른자 옷을 입힌 뒤 팬에 부친다. 이때 기름 없이 종이 호일
    을 깔고 부친다.

TIP ——————————————————————————
가지 껍질은 질긴 편이다. 껍질을 중간 중간 벗겨 주거나, 칼집을 내 주
는 것이 좋다.

매시트포테이토

그동안 감자를 으깨 매시볼로 만들어 먹었다면, 이제는 으깬 감자에 여러 가지 채소를 넣어 더 맛있고 영양가 있게 먹을 수 있다.

매시트포테이토

찐 그린빈스

오징어새우살 채소어묵

단호박과
콜리플라워 치즈찜

재료(1인분)

감자 50g, 당근 10g, 양파 10g, 분유 가루 1큰술, 아기 치즈 1/4장

🍲 순서

1 감자, 당근, 양파를 찜기에 찐다.

2 감자는 으깨고, 당근과 양파는 잘게 다진다.

3 ②번에 분유 가루와 아기 치즈를 넣고 섞어 준다.

TIP ────────────────────────────────
감자, 당근, 양파가 따뜻할 때 분유 가루와 아기 치즈를 넣어 녹여 준다.

소고기 채소밥전

소고기, 채소, 밥, 계란으로 만든 영양만점 추천 메뉴이다. 소고기를 거부하는
아이, 밥을 거부하는 아이가 좋아하는 메뉴이다.

찐 양송이버섯

바나나 아보카도
요거트

단호박 감자매시

방울토마토

소고기 채소밥전

🥄 재료(1인분)

소고기 20g, 당근 5g, 애호박 5g, 양파 5g, 계란 1개, 밥 1큰술

🍽 순서

1 소고기는 핏물을 뺀 뒤 끓는 물에 삶아 다진다.

2 당근, 애호박(씨 제거), 양파는 찜기에 살짝 찐 뒤 다진다.

3 ①, ②번 재료에 계란과 밥을 넣고 골고루 섞는다.

4 ③번을 팬에 기름 없이 종이 호일을 깔고 부친다.

TIP ───────
채소에 수분이 많거나 밥 양이 많으면 밥전이 부서진다. 애호박은 씨를
제거하여 쓴다.

맛있는 이유식 57

소고기 애호박찜

따뜻하게 먹으면 더 맛있는 메뉴이다. 소고기와 애호박을 맛있게 쪄낸 뒤 으깨면 된다.

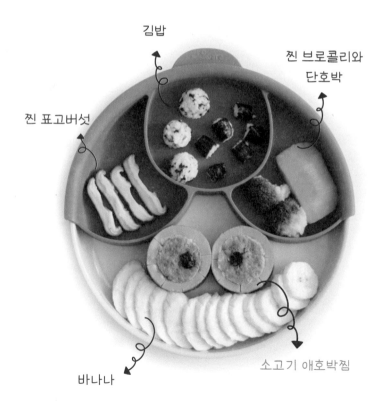

김밥

찐 브로콜리와
단호박

찐 표고버섯

바나나

소고기 애호박찜

재료(1인분)

애호박 1/6개, 소고기 20g, 양파 10g, 육수 200ml

 순서

1   애호박은 바닥면 1cm 정도를 남기고 속을 파내 그릇 모양으로 만
    든다.

2   소고기는 핏물을 뺀 뒤 다진다.

3   ②번에 다진 양파를 넣고 치댄다.

4   ①번에 ③번 재료를 넣어 속을 채우고 찜기에 찐다.

TIP
소고기에 두부를 섞으면 더 부드럽고 맛있다.

전복 채소볶음

전복은 익히면 질겨지기 때문에 이 식감을 좋아하지 않는 아이들도 있다. 얇고 작게 썰면 거부감이 덜하다.

소고기 채소밥볼

요거트와 사과

찐 방울양배추

전복 채소볶음

재료(1인분)

전복 1개, 애호박 20g, 양송이버섯 2개, 버터 1/2큰술

 순서

1   전복은 전용 솔로 깨끗이 씻고 이빨과 내장을 제거한 뒤에, 잘게
    다진다.

2   애호박과 양송이를 찜기에 찐 뒤 먹기 좋은 크기로 썰어 준다.

3   팬에 버터를 녹인 뒤 애호박, 양송이버섯, 전복을 넣고 볶아 준다.

TIP ────────────────────────
전복 대신 관자살을 넣어도 좋다.

아보카도닭안심 치즈김밥

김을 좋아하는 아이에게 좀 더 맛있게 먹을 수 있는 방법을 찾다가, 김에 재료를 하나씩 추가해 보았다. 가장 맛있는 조합은 김밥! 김밥도 맛있는 핑거 푸드이다.

요거트와 체리

찐 브로콜리

비트 무조림

찐 감자,
찐 양파

아보카도닭안심
치즈김밥

🍳 재료(1인분)

밥 2큰술, 아보카도 1/4개, 닭 안심살 20g, 아기 치즈1/2장, 아기 김

🍲 순서

1 닭 안심살은 끓는 물에 삶은 뒤 다진다.

2 아보카도는 으깨고, 아기 치즈는 길게 잘라 준다.

3 김에 밥을 깔고 치즈를 얹은 뒤 아보카도와 닭 안심살을 올리고 말아 준다.

4 먹기 좋은 크기로 썰어 준다.

TIP
아기의 한입 크기로 최대한 작게 만든다.

콩나물밥 소고기김볶음

콩나물밥에 소고기 김볶음이면 밥 한 그릇 뚝딱이다. 고소한 맛이 일품인 맛과 영양 모두 갖춘 맛있는 메뉴이다.

메추리알 장조림

찐 만가닥버섯

파인애플

콩나물밥 소고기김볶음

🍯 재료(3인분)

쌀 1/2컵, 콩나물 10g, 당근 10g, 소고기 30g, 김, 참기름, 참깨

🍲 순서

1 쌀 1/2컵에 콩나물과 당근을 넣고 밥을 짓는다.

2 소고기는 핏물을 뺀 뒤 끓는 물에 삶고 다진다.

3 팬에 소고기와 잘게 부순 김을 볶다가, 참기름과 참깨를 넣는다.

4 콩나물밥에 ③번 재료를 뿌려 준다.

TIP
콩나물밥이나 소고기 김볶음에 다른 채소를 추가해도 좋다.

네가 좋아하는 음식

이유식은 쌀과 재료를 적절히 조합하여 만든 아이의 첫 식사이다. 분유나 모유 다음으로 먹는 첫 음식이기 때문에 자극적이어도 안 되고, 몸에 무리가 가서도 안 된다. 아주 묽은 농도의 쌀미음을 시작으로 이유식 단계를 올리는 것이 좋다. 입자는 서서히 늘리고, 농도는 점점 되직하게, 재료의 종류와 양도 아기에게 맞게 늘려 나가는 것이다.

이유식은 어른이 먹는 일반식처럼 양념이 들어가는 음식

이 아니다. 그래서 재료 본연의 순수한 맛을 느낄 수 있도록 만드는 것이 중요하다. 이유식에 들어가는 소량의 재료만으로도 본연의 맛을 충분히 느낄 수 있기에, 이때부터 아이의 식성을 알아가는 길잡이가 되어 준다.

초기 이유식까지는 이유식에 적응하는 단계로써, 아이가 좋아하는 재료에 대해 파악하기가 어려울 수 있다. 하지만 엄마와 아이가 어느 정도 적응하는 시기인 중기 이유식부터는 파악하기가 훨씬 쉬워진다.

금쪽이는 닭고기보다는 소고기, 감자보다는 고구마, 파프리카보다는 양파, 사과보다는 바나나, 생선보다는 새우를 더 잘 먹었다. 이렇게 아이가 먹는 양, 먹을 때 입 모양, 표정 등으로 얼마든지 파악이 가능하다. 좋아하는 재료에 대해서 알아 두면 이유식을 거부하는 시기가 왔을 때, 좋은 참고 자료가 된다.

6개월 동안 필자가 만든 이유식은 총 95가지였다. 금쪽이는 고맙게도 모든 이유식을 참 잘 먹었다. 아마도 금쪽이가 좋아하는 음식은 '엄마가 만들어 준 엄마밥'인 것 같다.